少儿启蒙编程

建造火星基地

杜大国 董冰 张航◎著　一辉映画◎绘

知识点 ZHI SHI DIAN
1. 顺序结构
2. 平面直角坐标系

海豚出版社
DOLPHIN BOOKS
CICG 中国国际传播集团

前言
QIAN YAN

[本书内容]
BEN SHU NEI RONG

这本书告诉了我们什么是顺序结构。在书里，我们将顺序结构化繁为简，教你在生活中怎样把问题分解成简单的步骤，按部就班地完成并实现结果。

[概　念]
GAI NIAN

顺序结构是指程序的执行按语句的顺序从上到下依次执行，直至结束。

[它能实现什么]
TA NENG SHI XIAN SHEN ME

听上去非常深奥的顺序结构，在生活中却是一种很常见的思维方式，它能让事物按正确的顺序组织步骤，从而实现预期结果。

[开卷有益]
KAI JUAN YOU YI

读完这本书，你就掌握了顺序结构的逻辑，这对我们组织学习、规划任务、解决问题都会有很大的帮助。

目录
MU LU

第一章
快乐的星期天
制订任务计划

　　乐乐的"火星基地"正在建造中，这是他寒假就开始的"宏伟工程"，开学后他则利用周末时间来建造，爸爸也受邀加入进来。

行！

星期天，爸爸、妈妈和乐乐都休息，一家人开心极了。

我们先来玩捉迷藏，找到爸爸，你就赢了，然后咱们再一起建造"火星基地"。

我也想一起玩儿，如果你也能找到妈妈，晚上就可以吃到可乐鸡翅啦。

先制订一个计划，按计划有序地去每个房间能更快地找到爸爸妈妈。

为了我的可乐鸡翅和"火星基地"，我必须赢。

【编程小词典】

顺序

在编程中顺序是指程序中指令的执行顺序。我们可以理解为顺着次序。

先去爸爸妈妈的房间，再去客厅，然后是书房、厨房、卫生间、衣帽间。嗯！就按这个顺序吧。

08

一共有7个房间，从一个格子到另一个相邻的格子为一步，房间以外的格子是乐乐途经的路线。

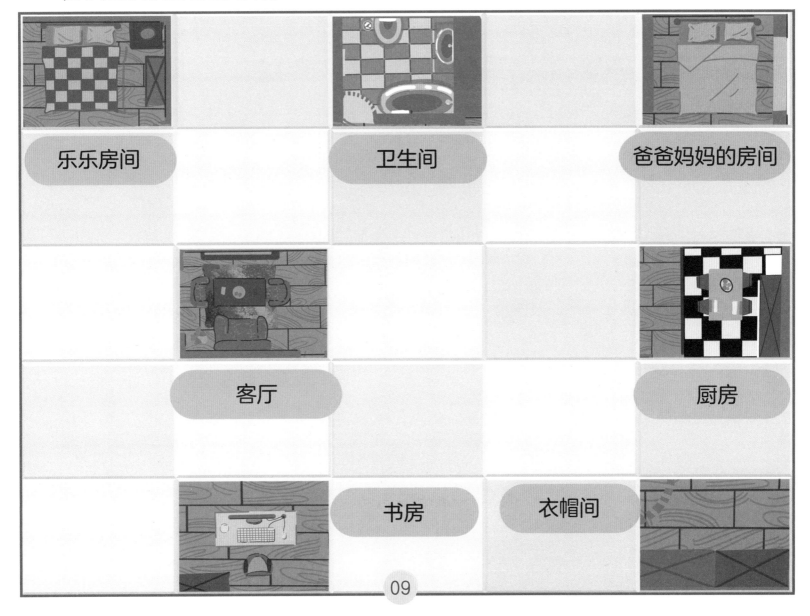

第二章

捉迷藏

按顺序执行计划

小朋友们跟爸爸妈妈玩过"捉迷藏"吗？你是用什么方法找到爸爸妈妈的呢？我们一起去看看乐乐是怎样找到的。

LEVEL
002

003

LE 001

乐乐从自己的房间来到了爸爸妈妈的房间。

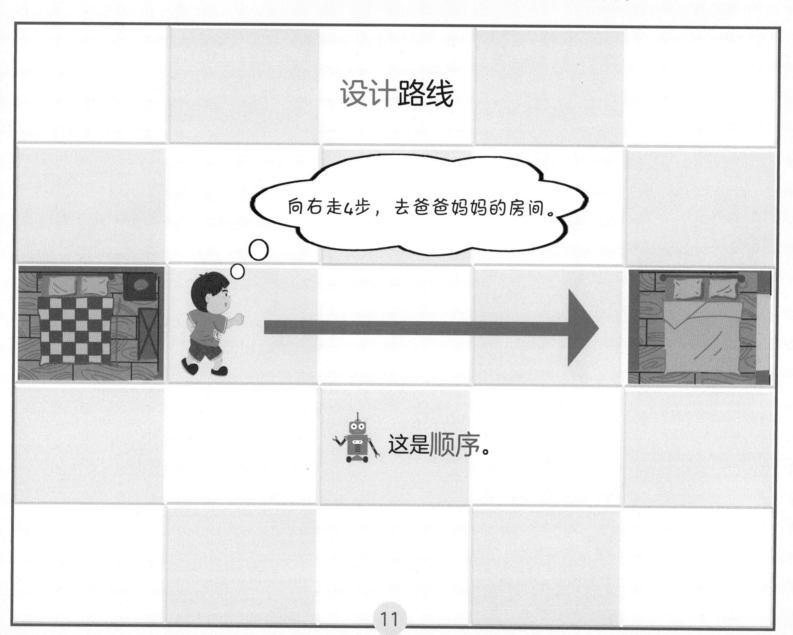

设计路线

向右走4步，去爸爸妈妈的房间。

这是顺序。

按照事先规划，乐乐去往下一个目的地——客厅。

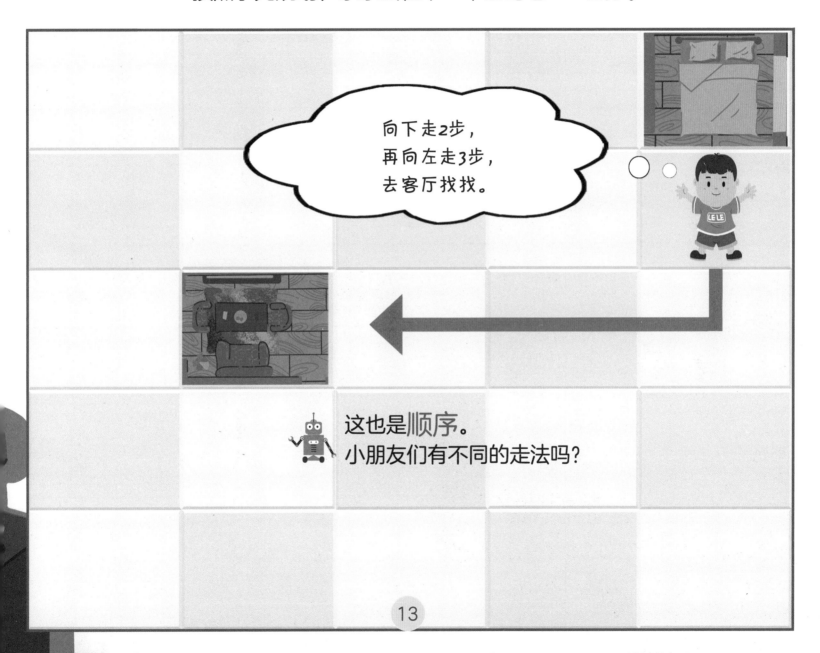

乐乐来到客厅。客厅里看上去并没有人，但细心的乐乐发现，沙发边上好像是妈妈漂亮的发卡，原来妈妈藏在了沙发后边。

乐乐来到了下一个房间——书房。

但书房里没有爸爸的身影。

走出书房，乐乐向厨房走去，他想象着在厨房里找到爸爸的画面，还有那盘散发着香气的可乐鸡翅……

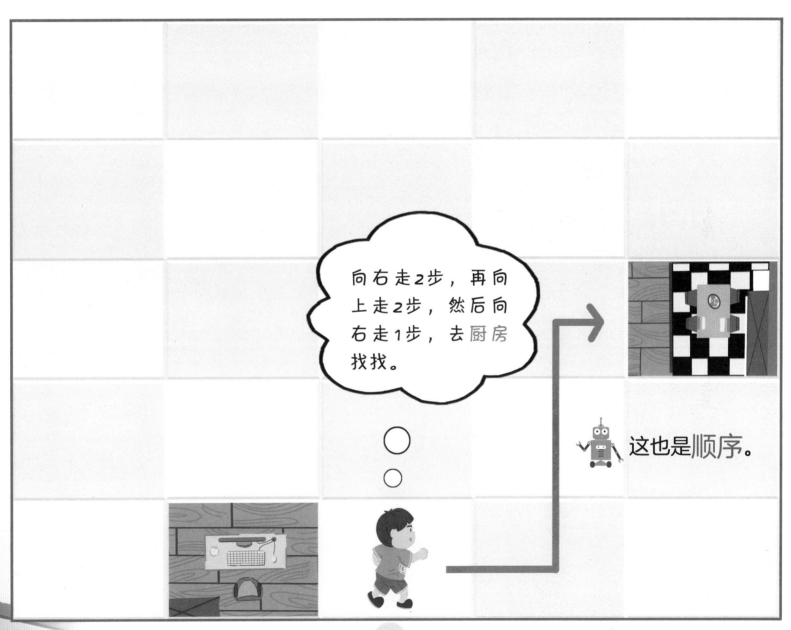

可是厨房里也没有找到爸爸，乐乐有点儿着急，他可不想让可乐鸡翅"飞"走，更不想自己一个人建造"火星基地"。

走出厨房，下一个目标是卫生间。

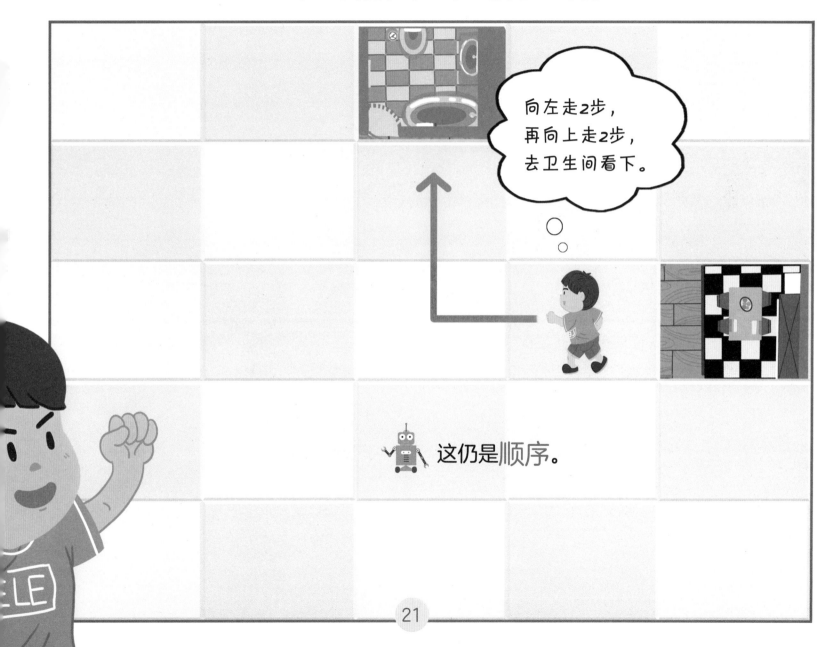

向左走2步，
再向上走2步，
去卫生间看下。

这仍是顺序。

乐乐坚定地走向衣帽间。

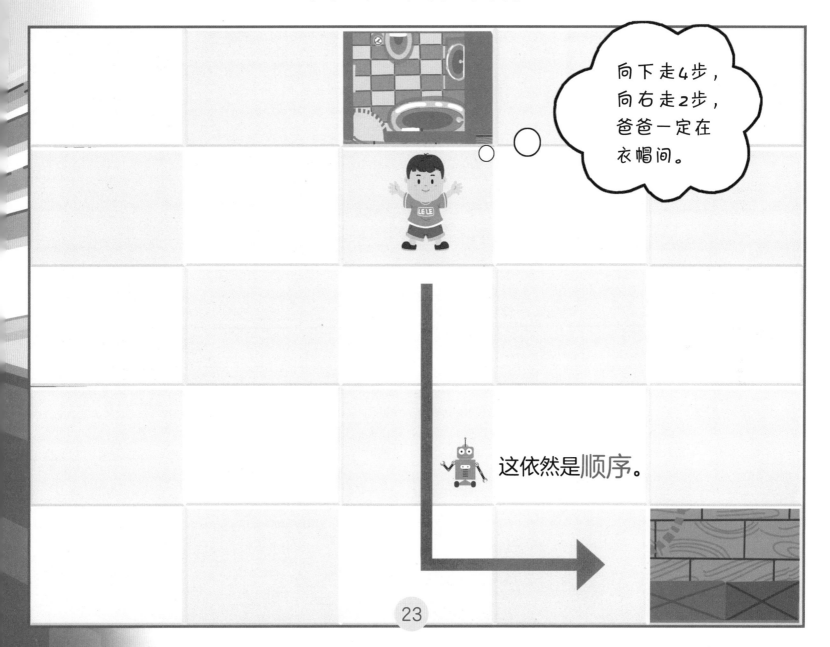

向下走4步，
向右走2步，
爸爸一定在
衣帽间。

这依然是顺序。

第三章
游戏胜利
顺序结构

乐乐心想：这是最后一个房间了，爸爸一定就在里面。咦？妈妈的长款大衣下面是什么？一双男鞋！他悄悄地按住那双鞋……没错！爸爸就藏在大衣后面。

这下看你还往哪儿藏！

乐乐的小收获
做事有条理

在我数数前，已经规划好了寻找路线，按照爸爸的生活习惯，先去了爸爸妈妈的房间，从爸爸妈妈的房间出来，就去了客厅，因为客厅也是爸爸经常出入的地方，所以把它作为第二个寻找地点，然后从客厅到书房，再依次到厨房、卫生间、衣帽间，按爸爸出现可能性从大到小的顺序寻找，这样就能更快地找到爸爸，节省寻找的时间。

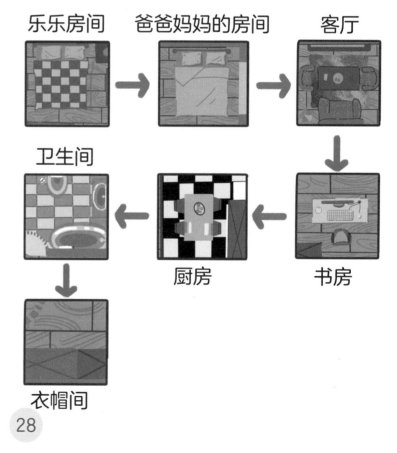

乐乐房间　　爸爸妈妈的房间　　客厅

卫生间

厨房　　书房

衣帽间

这样按照顺序一个房间一个房间查找的方式与我们编程里用到的"顺序结构"，道理上是一样的。

【编程小词典】

顺序结构

顺序结构是将任务分解成一系列依次执行的小任务，并按照顺序逐步完成的结构，是编程的基础结构。

这也是顺序结构的一部分。

由于客厅比较大，所以在客厅里寻找也得有顺序，我是先向前走，然后向右走，再拐个弯往回走，再拐个弯，就到了我进入客厅的位置。

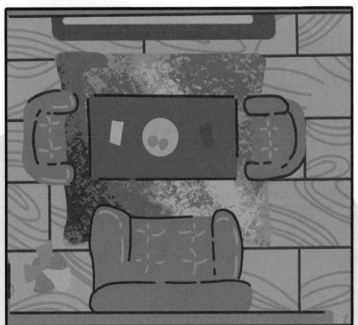

相当于画了一个"圈圈"，这样就可以"无死角"式搜索，也避免了找过的地方再找一遍的重复。

无处不在的
顺序结构

看来我做事越来越有条理啦！

　　在整个捉迷藏的过程中，乐乐先规划好路线，并按规划逐一完成既定任务，这样就避免重复进入某个房间，缩短了路线就缩短了时间。所以你看，顺序结构有多厉害，它可以应用到很多地方，还能帮我们养成制订计划的习惯。按照计划执行就会变得做事情有条理！

第四章
平面直角坐标系

什么是坐标系？

坐标系是数学中的一个基本概念。

它用于描述和定位空间的框架。

在坐标系中，每个点都有一个对应的坐标，用一组数字表示，它们可以用来确定一个点在空间中的位置。

发明坐标系的人是法国数学家笛卡尔。

在同一平面上互相垂直且有公共原点的两条数轴构成平面直角坐标系，横向的方向向右，我们叫它"横轴"，用X表示，纵向的方向向上的是"纵轴"，用Y表示。

如何确定 坐标

如右图所示:我们以客厅为坐标原点,客厅的坐标是(0,0)。向右走1步再向上走2步就到卫生间,卫生间的坐标就是(1,2)。

开始

↓

向右走1步

↓

向上走2步

↓

到达卫生间

36

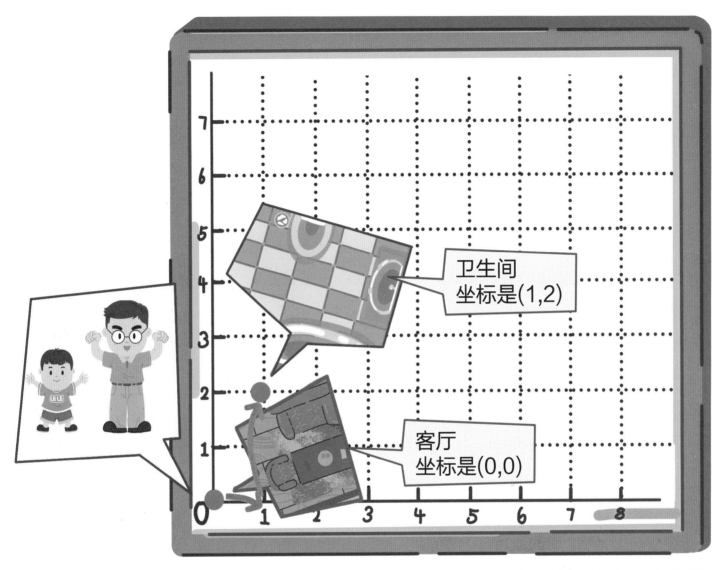

　　乐乐对平面直角坐标系产生了浓厚的兴趣，他觉得这个神奇的小玩意儿似乎能应用到他的"火星基地"建造中，并能起到什么作用，于是他缠着爸爸给他讲讲更具体的，爸爸大大满足了乐乐的求知欲。

爸爸妈妈的房间和厨房

爸爸妈妈房间的坐标是：（　　　　）

厨房的坐标是：（　　　　）

我们依然以客厅为原点，试着写出爸爸妈妈房间和厨房的坐标吧。

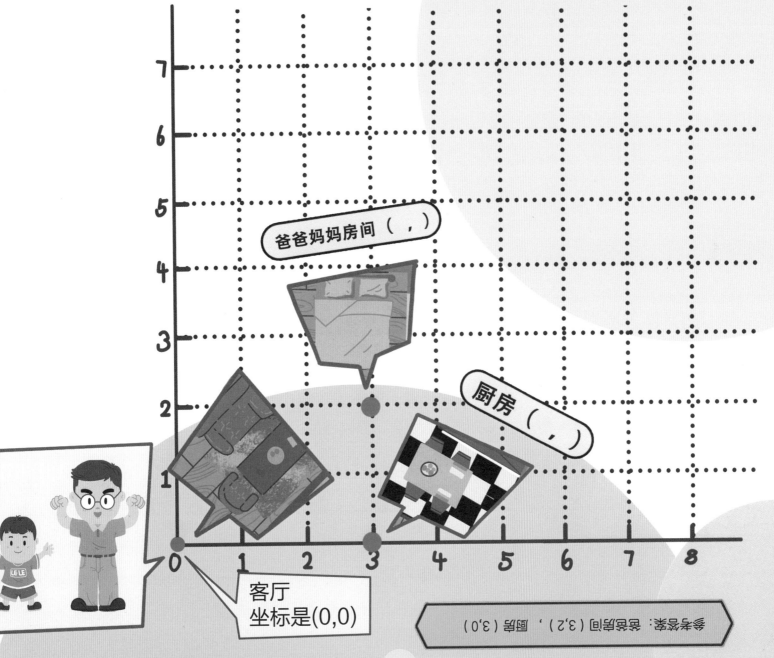

学完直角坐标系，乐乐和爸爸开始建"火星基地"。

乐乐召唤来他的无人机机器人，给了它"通知所有机器人集合"的指令，无人机机器人接到指令后，开始寻找所有的基地机器人，有挖掘机机器人、运输机器人、起重机机器人、打桩机机器人、压路机机器人、凿岩机机器人、组装机机器人。在捉迷藏游戏的启迪下，乐乐预先制订了一个计划：画出房间平面图，并给每个房间进行编号，让无人机机器人按照房间编号进行寻找。

【编程小词典】

指令、指令框与程序流程图

1.指令：计算机系统中用来指定进行某种运算或要求实现某种控制的代码。

2.指令框：是编程语言的解释器之一。

3.程序流程图：用统一规定的标准符号描述程序运行具体步骤的图示。

小朋友们，右侧坐标图，是无人机机器人在飞行中的俯视图。图中，M为起点，N为终点，用大的红色圆点表示；小的红色圆点是不可经过的点。机器人们按画出的路线行走，就能顺利地完成任务。注意：如果步数不准确，机器人就完不成任务啦！

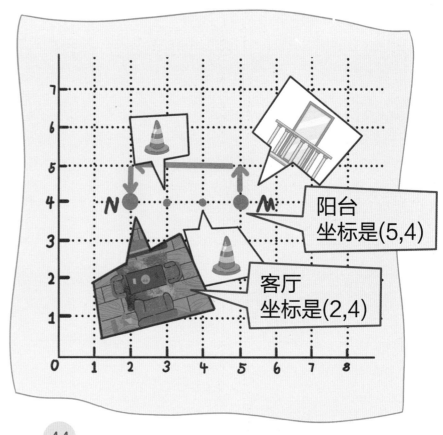

流程图

开始，（M）阳台

↓

向上走 __1__ 步

↓

向左走 __3__ 步

↓

向下走 __1__ 步

↓

结束，（N）客厅

这种指令框用于流程图的起点和终点。

↑ ↓ 这样带箭头的线表示执行的方向和顺序。

这种指令框用于表示执行步骤。

让我们认识一下指令框吧！

运输机器人集合!
顺序结构的流程图

无人机机器人来到乐乐的房间，找到运输机器人，它是运输"专家"，可以运送各种物资。

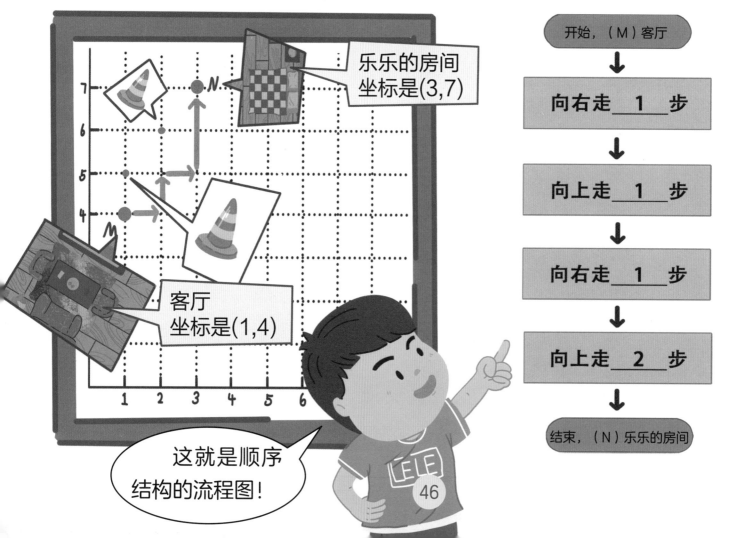

乐乐的房间
坐标是(3,7)

客厅
坐标是(1,4)

这就是顺序结构的流程图！

开始，（M）客厅

↓

向右走___1___步

↓

向上走___1___步

↓

向右走___1___步

↓

向上走___2___步

↓

结束，（N）乐乐的房间

无人机机器人来到卫生间，找到起重机机器人，它是个超级大力士，能把超级重的材料搬到需要的地方。

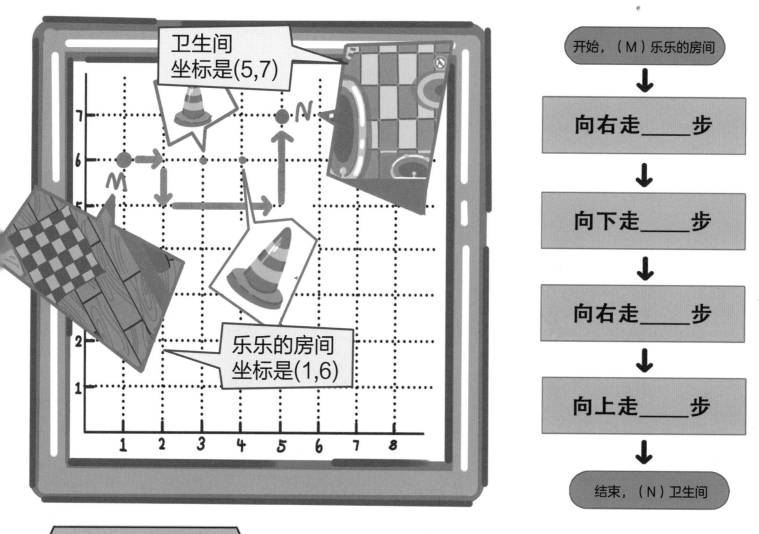

卫生间坐标是(5,7)

乐乐的房间坐标是(1,6)

开始，（M）乐乐的房间

↓

向右走＿＿＿步

↓

向下走＿＿＿步

↓

向右走＿＿＿步

↓

向上走＿＿＿步

↓

结束，（N）卫生间

参考答案：1, 1, 3, 2

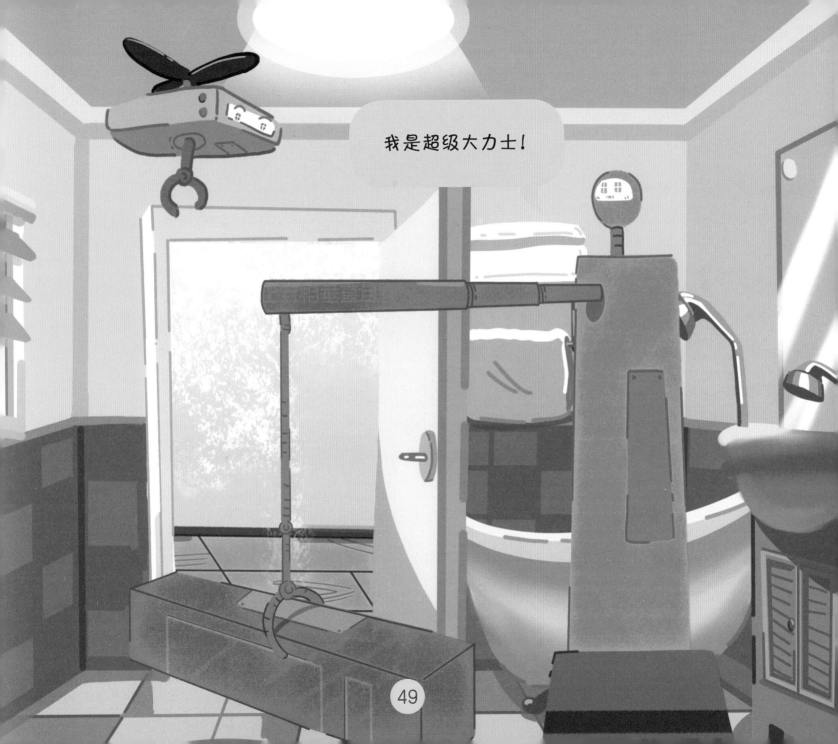

无人机机器人来到爸爸妈妈的房间，找到打桩机机器人。

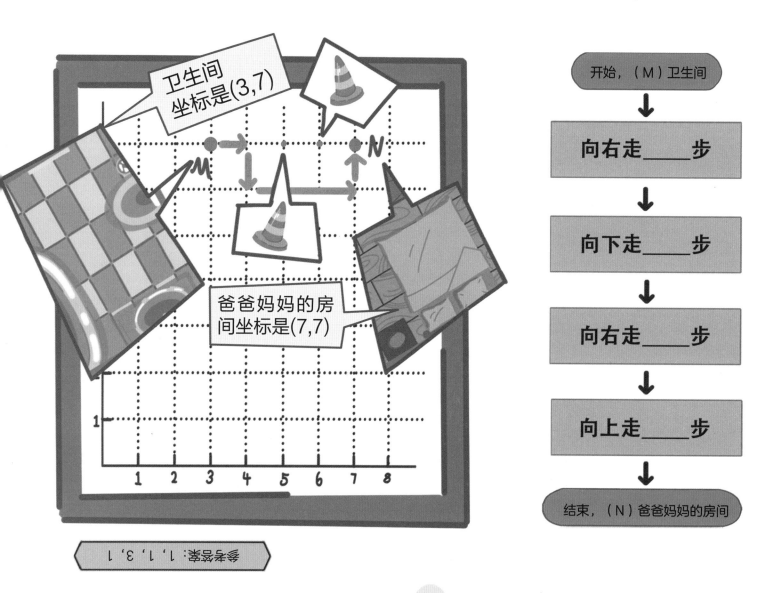

卫生间
坐标是(3,7)

爸爸妈妈的房间坐标是(7,7)

参考答案：1，1，3，1

开始，（M）卫生间

向右走＿＿＿步

向下走＿＿＿步

向右走＿＿＿步

向上走＿＿＿步

结束，（N）爸爸妈妈的房间

【试一试】

帮助乐乐找到最佳路线！

无人机机器人来到书房，找到压路机机器人。

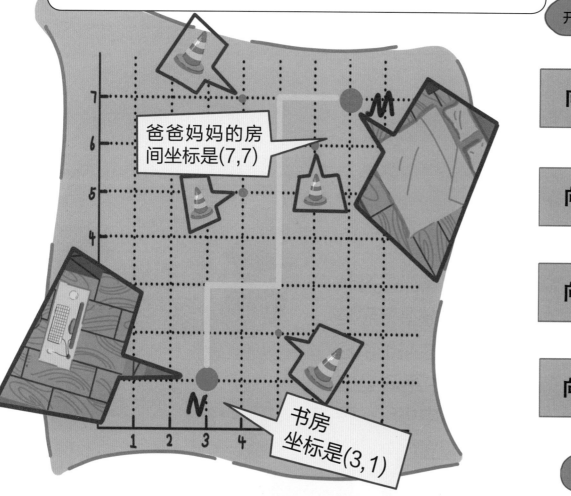

爸爸妈妈的房间坐标是(7,7)

书房坐标是(3,1)

开始，（M）爸爸妈妈的房间

↓

向＿＿＿走＿＿＿步

↓

向＿＿＿走＿＿＿步

↓

向＿＿＿走＿＿＿步

↓

向＿＿＿走＿＿＿步

↓

结束，（N）书房

无人机机器人来到厨房，找到凿岩机机器人。

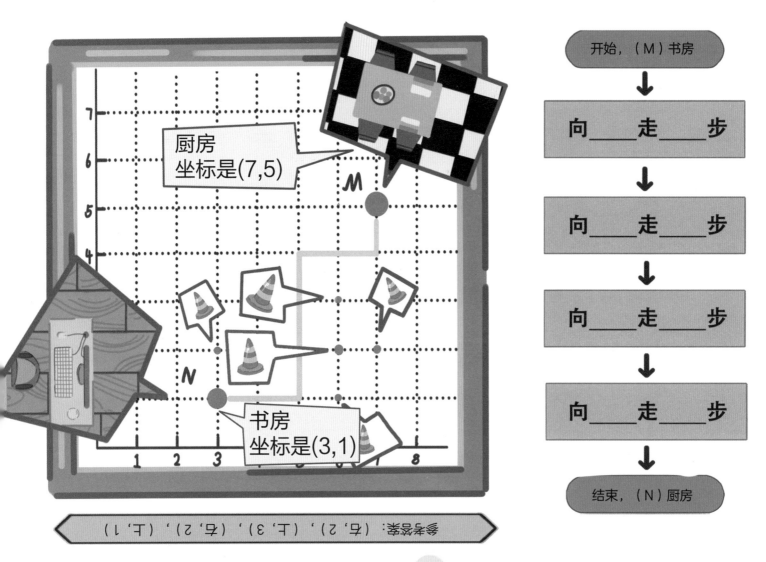

厨房
坐标是(7,5)

书房
坐标是(3,1)

开始，（M）书房

↓

向＿＿＿走＿＿＿步

↓

向＿＿＿走＿＿＿步

↓

向＿＿＿走＿＿＿步

↓

向＿＿＿走＿＿＿步

↓

结束，（N）厨房

参考答案：（右，2），（上，3），（右，2），（上，1）

在乐乐、爸爸和机器人们的共同努力下，工期竟然比计划缩短了三分之一，因为乐乐学会了顺序结构的原理。另外，平面直角坐标系也给了他很大的帮助，这让乐乐做起事情来更有计划、有条理。

图书在版编目（CIP）数据

少儿启蒙编程.建造火星基地 / 杜大国，董冰，张
航著；一辉映画绘 . -- 北京：海豚出版社，2024.4
ISBN 978-7-5110-6778-4

Ⅰ . ①少… Ⅱ . ①杜… ②董… ③张… ④一… Ⅲ .
①程序设计—儿童读物 Ⅳ . ① TP311.1-49

中国国家版本馆 CIP 数据核字 (2024) 第 051969 号

出 版 人：王　磊

责任编辑：王　梦
责任印制：于浩杰　蔡　丽
特约编辑：尹　磊
装帧设计：春浅浅
法律顾问：中咨律师事务所　殷斌律师
出　　版：海豚出版社
地　　址：北京市西城区百万庄大街 24 号
邮　　编：100037
电　　话：010-68996147（总编室）　010-68325006（销售）
传　　真：010-68996147
印　　刷：唐山玺鸣印务有限公司
经　　销：全国新华书店及各大网络书店
开　　本：12 开（710mm×1000mm）
印　　张：20（全 4 册）
字　　数：100 千（全 4 册）
印　　数：50000
版　　次：2024 年 4 月第 1 版　2024 年 4 月第 1 次印刷
标准书号：ISBN 978-7-5110-6778-4
定　　价：98.00 元（全 4 册）